Bibliografische Information der Deutschen Nationalbibliothek:

Die Deutsche Bibliothek verzeichnet diese Publikation in der Deutschen Nationalbibliografie; detaillierte bibliografische Daten sind im Internet über http://dnb.d-nb.de/ abrufbar.

Impressum:

Druck und Bindung: Books on Demand GmbH, Norderstedt Germany
ISBN: 9783668602267

Dieses Buch bei GRIN:

https://www.grin.com/document/385947

Verena Binder

Wildkräuter in der Küche. Verwendungsmöglichkeiten und positive Wirkung auf die Gesundheit

GRIN Verlag

SEMINARARBEIT

Rahmenthema des W-Seminars: **Sekundäre Pflanzenstoffe**

Leitfach: **Biologie**

Thema:

Wildkräuter in der Küche
–
Verwendungsmöglichkeiten und positive Wirkung auf die Gesundheit

Verfasserin: **Verena Binder**

Inhaltsverzeichnis

1 Geschichte der Wildkräuterverwendung in der Küche

Die Menschen und deren Vorfahren ernährten sich Millionen von Jahre fast ausschließlich von Pflanzen, die sie in der Natur sammelten.

Ackerbau wird erst seit verhältnismäßig kurzer Zeit betrieben und Wildkräuter standen trotz vorhandenem Kulturgemüse noch viele Jahrtausende regelmäßig auf dem Speisezettel. Um Pflanzen zu züchten musste man jedoch Land besitzen, während in der freien Natur jeder beliebig ernten konnte. So entstand im Laufe der Zeit der Eindruck, Wildkräuter seien weniger wertvoll als Kulturpflanzen. Das ursprünglich mündlich von Generation zu Generation weitergegebene Wissen über das Sammeln und die Verwendung von wildwachsenden Kräutern geriet in Vergessenheit.

Nur in Zeiten, in denen Krieg und Hungersnot herrschten, wurden Wildpflanzen verzehrt. Häufig wurden hier jedoch der korrekte Sammelzeitpunkt und die Zubereitungsart vernachlässigt, sodass Wildkräuter bald als wenig genießbar galten. Deshalb kehrte man sobald wie möglich wieder zu Kulturpflanzen zurück. Fortan erinnerte das Kochen mit Wildkräutern an schlechte Zeiten und wurde deshalb fast gar nicht mehr praktiziert.

Heute sind viele Menschen der Meinung, Wildwachsendes sei unsauber. Daher werden Wildkräuter in der Küche immer noch mit Argwohn betrachtet, obwohl diese dank des Angebots in Restaurants sowie der großen Zahl an entsprechenden Kochbüchern wieder auf dem Vormarsch sind.[1]

2 Rezepte

2.1 Bärlauchsuppe

2.1.1 Zubereitung

100 Gramm Kartoffeln und eine halbe Zwiebel würfeln und in 400 Milliliter Gemüsebrühe oder Wasser garen. Danach die Suppe pürieren und 100 Milliliter Milch, einen viertel Teelöffel Salz und jeweils eine Prise Pfeffer und Muskat hinzufügen. Zum Schluss 50 Milliliter Sahne unterrühren und die Suppe mit acht bis zehn in Streifen geschnittenen Bärlauchblättern garnieren.[2]

2.1.2 Wirkung

Bärlauch enthält Flavonoide, die allgemein als blutdrucksenkend, antibiotisch und entzündungshemmend gelten. Zudem verringern sie das Risiko bestimmte Krebsarten sowie Herz-Kreislauferkrankungen zu bekommen.[3] Außerdem wirken sie Krämpfen im Verdauungstrakt entgegen. Flavonoide sind in allen Wildkräutern in verschiedenen Mengen enthalten[4] und werden bei den folgenden Pflanzen deshalb nicht mehr erwähnt. Des Weiteren enthält Bärlauch Vitamin C und ätherisches Lauchöl[5] und wirkt wie alle Laucharten schweißtreibend und senkt den Cholesterinspiegel.[6]

Dies liegt an den Sulfiden, die in vielen Zwiebelgewächsen vorkommen. Sulfide vertreiben außerdem Mikroben und sind antioxidativ[7] und blutdrucksenkend.[8]

2.1.3 Sinnhaftigkeit

Das Rezept erscheint sehr sinnvoll, da der Bärlauch erst kurz vor dem Servieren zur Suppe hinzugefügt wird. Somit wird er nicht wesentlich erhitzt und die Inhaltsstoffe bleiben erhalten.[9]

2.1.4 Eigene Erfahrungen

Die Bärlauchsuppe lässt sich problemlos zubereiten und der Geschmack ist einwandfrei.

Abb.1, Bärlauchsuppe, eigenes Foto

2.2 Löwenzahn-Cocktail

2.2.1 Zubereitung

Zwei Karotten, einen Apfel und eine halbe Knollensellerie klein schneiden. Das Ganze zusammen mit 200 Gramm jungen Löwenzahnblättern pürieren. Anschließend eine halbe Zitrone auspressen. Den Gemüsebrei quetschen, sodass der Saft austritt und diesen mit dem Zitronensaft vermengen.[10]

2.2.2 Wirkung

Löwenzahn hat einen hohen Gehalt an Bitterstoffen,[11] auch als Saponine bezeichnet. Diese wirken antibiotisch und erwiesen sich in Tierversuchen außerdem als antikanzerogen.[12] Des Weiteren sollen die in der Volksmedizin auch Seifenstoffe genannten Saponine Schleim verflüssigen, die Verdauung anregen und bei Gicht helfen.[13]

2.2.3 Sinnhaftigkeit

Das mechanische Zerkleinern des Löwenzahns lässt diesen leider bitter werden und die eigentlichen Geschmacksstoffe gehen ebenso wie die sekundären Pflanzenstoffe durch Oxidation verloren. Zudem kann sich die Pflanze durch den Metallkontakt schwarz färben. Deshalb ist das Rezept in dieser Form nicht sehr sinnvoll. Besser wäre es, den Löwenzahn kleinzuschneiden oder in Stücke zu zupfen. [14]

2.2.4 Eigene Erfahrungen

Leider trifft das in Abschnitt 2.2.3 beschriebene Phänomen vollständig zu und der Cocktail bekommt eine unansehnliche Farbe und einen unangenehm bitteren Geschmack. Außerdem ist die entstehende Flüssigkeitsmenge sehr gering. Eventuell könnte man durch Zugabe eines passenden Frucht- oder Gemüsesaftes den Geschmack verbessern und die Menge erhöhen.

Abb.2, Löwenzahn-Cocktail, eigenes Foto

2.3 Spitzwegerich-Brennnesselkuchen

2.3.1 Zubereitung

Für den Teig 200 Gramm Mehl, jeweils 50 Gramm Zucker und Puderzucker, 100 Gramm Butter, eine Prise Salz und ein Eigelb verrühren. Den in Frischhaltefolie gewickelten Teig anschließend zirka zwei Stunden in den Kühlschrank stellen. 50 Gramm Rosinen in aufgewärmtem Apfelsaft einweichen. Jeweils 200 Gramm Spitzwegerich- und Brennnesselblätter blanchieren, mit kaltem Wasser abschrecken und gründlich ausdrücken. Die Wildkräuter danach in grobe Stücke hacken. Für den Eierstich vier Eier, 125 Milliliter Milch und zwei Esslöffel Honig sowie die Rosinen gut mischen. Anschließend vorsichtig den Spitzwegerich und die Brennnesselblätter unterheben. Als Nächstes eine gefettete Springform mit dem ungefähr einen halben

Zentimeter dick ausgerollten Teig auslegen. Dabei einen Rand formen. Den Teig mit Backpapier und Erbsen belegen und zirka zehn Minuten bei 175°C backen. Nach dem Entfernen von Erbsen und Papier die Kräutermischung über den Teig geben. Den Kuchen zum Schluss mit 100 Gramm pulverisierten Haselnüssen und 30 Gramm braunem Zucker bestreuen und bei 160°C eine halbe Stunde weiter backen.[15]

2.3.2 Wirkung

Durch die sowohl im Spitzwegerich als auch in der Brennnessel enthaltene Kieselsäure wird das Bindegewebe gestärkt.[16] Brennnesseln gelten des Weiteren als appetit- und verdauungsfördernd.[17] Der genaue Wirkstoff, der hierfür verantwortlich ist, konnte im Zuge der Recherche leider nicht herausgefunden werden. Selbiges trifft auf viele andere sekundäre Pflanzenstoffe zu. Da Brennnesseln zudem antikanzerogen wirkende Enzyme und Hormone enthalten,[18] können sie zur Unterstützung einer Krebstherapie eingesetzt werden. Außerdem ist die Brennnessel gut für Diabetiker geeignet,[19] weil sie den Blutzuckerspiegel senkt. Darüber hinaus entgiftet sie den ganzen Organismus und beugt aufgrund ihrer entschlackenden Wirkung Gicht vor.[20] Auch bei Rheuma und entzündeten Harnwegen hilft die Brennnessel.[21] Der Spitzwegerich gilt hingegen als schleimbildend und entzündungshemmend. Durch die enthaltenen Saponine[22] wirkt er außerdem antibiotisch und kann das Krebsrisiko senken.[23]

2.3.3 Sinnhaftigkeit

Durch Blanchieren werden nur wenige Vitamine zerstört, deshalb gibt es hier kaum Einbußen bei der Wirkung der Kräuter.[24] Auch das Backen bei 160°C wird als schonendes Garverfahren eingestuft.[25] Zudem wird im Rezept versucht, die Backzeit für die Wildkräuter möglichst gering zu halten, indem der Kuchenboden bereits vor der Zugabe der Pflanzen gebacken wird. Das Backen der Wildkräuter würde sich bei einem Kuchen kaum vermeiden lassen, deshalb erscheint das Rezept weitgehend sinnvoll.

2.4 Vogelmiere mit Paprikastreifen

2.4.1 Zubereitung

Zuerst 30 Gramm Triebspitzen der Vogelmiere säubern und klein zupfen. Anschließend einen Esslöffel Wasser, einen halben Teelöffel Zitronensaft, eine Messerspitze Senf, einen gehäuften Teelöffel Crème fraîche und eine Prise Salz verrühren. Zehn Gramm rote Paprikaschote, in feine Streifen geschnitten, und die Vogelmiere unterheben.[26]

2.4.2 Wirkung

Aufgrund der reinigenden Wirkung der Saponine,[27] die in der Vogelmiere enthalten sind, hilft diese bei Darmerkrankungen. Auch bei unzähligen anderen Krankheiten, wie beispielsweise Erkältungen, Hautausschlägen, Rheuma oder Übergewicht, zeigt die Vogelmiere ihre positive Wirkung. Des Weiteren kann sie Gifte absorbieren und kräftigt dadurch den ganzen Körper. Außerdem wird ihr eine entzündungshemmende und schmerzlindernde Wirkung nachgesagt.[28]

2.4.3 Sinnhaftigkeit

Ein sinnvolles Rezept, da die Vogelmiere in rohem Zustand verzehrt wird und die sekundären Pflanzenstoffe somit vollständig erhalten bleiben.[29]

2.5 Schafgarben-Pilz-Salat

2.5.1 Zubereitung

Eine halbe Zwiebel würfeln und in einem Esslöffel Öl anbraten. Anschließend vier geputzte und klein geschnittene Champignons mitdünsten. Diese dürfen dabei nicht ihre Farbe verändern. Die abgekühlte Mischung mit jeweils einer Prise Pfeffer und Salz, sowie einem Teelöffel Zitronensaft abschmecken. Zum Schluss zwanzig Gramm gewaschene Schafgarbenblätter untermischen.[30]

2.5.2 Wirkung

Die Schafgarbe hat eine ähnlich entzündungshemmende Wirkung wie die Kamille. Deshalb hilft sie bei Blähungen und Magen-Darmbeschwerden.[31] Dieser positive Einfluss auf den Verdauungstrakt ist den Gerbstoffen zu verdanken,[32] die in der Schafgarbe enthalten sind. Carotinoide[33] sorgen für die entzündungshemmende Wirkung.[34] Des Weiteren regt der Verzehr von Schafgarbe nicht nur die Durchblutung der Gliedmaßen an,[35] sondern hilft auch bei Störungen des Blutflusses in der Herzgegend. Außerdem wird die Pflanze bei Kreislaufschwäche sowie chronischen Erkrankungen bestimmter Organe eingesetzt.[36]

2.5.3 Sinnhaftigkeit

Da die Schafgarbe in ungegartem Zustand verzehrt wird, kommt die Wirkung der sekundären Pflanzenstoffe gut zum Tragen.[37] Deshalb handelt es sich um ein sehr sinnvolles Rezept.

2.6 Wiesenknopf-Käse-Nocken

2.6.1 Zubereitung

Zuerst 180 Milliliter Wasser mit einer Prise Salz und 20 Gramm Butter in einen Topf mit Deckel geben und aufkochen lassen. Anschließend 120 Gramm Dinkelmehl unterrühren und einen Brandteig herstellen. Dazu das Gemisch auf höchster Stufe drei bis vier Minuten abbrennen, bis sich am Topfboden eine weiße Schicht gebildet hat und der Teig zu einem Kloß geformt ist. Diesen in einer Schüssel zwei Minuten abkühlen lassen, dann nacheinander zwei Eier unter den Teig rühren. Wiesenknopfblätter klein schneiden und sechs Esslöffel davon zusammen mit 100 Gramm geriebenem Emmentaler hinzufügen. Als Nächstes die Mischung mit Salz, Pfeffer und Muskat abschmecken. Ein Backblech mit Backpapier auslegen und mithilfe von zwei feuchten Esslöffeln Teigklöße daraufsetzen. Anschließend die Wände des Backofens mit Wasser einsprühen und die Wiesenknopf-Käse-Nocken zehn Minuten lang bei 220°C backen. Die Temperatur danach auf 170°C herunterkühlen lassen und die Nocken weitere 15 Minuten backen.[38]

2.6.2 Wirkung

Aufgrund der Saponine, die der Wiesenknopf enthält,[39] wirkt er blutreinigend und verdauungsfördernd.[40] Außerdem beinhaltet er Bitterstoffe, die bei Erkrankungen von Magen, Darm, Leber und Milz helfen.[41] Auch gegen Gallen- oder Nierenleiden kann der Wiesenknopf verwendet werden.[42]

2.6.3 Sinnhaftigkeit

Die Backtemperatur von 220°C ist im Hinblick auf die Zerstörung der sekundären Pflanzenstoffe grenzwertig, wird aber noch als geeignet eingestuft und sollte somit keinen übermäßigen Schaden anrichten.[43] Bei den sehr empfindlichen Bitterstoffen sind jedoch größere Verluste möglich.[44]

2.7 Wiesen-Labkraut mit Crème-fraîche-Dressing

2.7.1 Zubereitung

Zuerst 40 Gramm von den Spitzen des Wiesen-Labkrauts waschen und klein zupfen. Danach ein kleines Stück Zwiebel in sehr feine Würfel schneiden. Aus jeweils einem Esslöffel Crème fraîche, Weinessig und Wasser, sowie einer Prise Salz ein Dressing anrühren und dieses zum Schluss über das Labkraut und die Zwiebelwürfel geben.[45]

2.7.2 Wirkung

Wiesen-Labkraut entwässert den Körper und sorgt dafür, dass schädliche Stoffe schneller abgebaut werden, da es für eine vermehrte Nierentätigkeit sorgt. Des Weiteren wird ihm eine entschlackende Wirkung zugeschrieben, weil es die Lymphe anregt.[46]

2.7.3 Sinnhaftigkeit

Die sekundären Pflanzenstoffe können ihre positive Wirkung voll entfalten, weil das Wiesen-Labkraut während der Zubereitung dieses Gerichts nicht erhitzt wird.[47] Somit macht das Rezept Sinn.

2.8 Gundermann-Kartoffel-Soße

2.8.1 Zubereitung

60 Gramm mehligkochende Kartoffeln und eine halbe Zwiebel in Würfel schneiden und beides in 250 Millilitern Gemüsebrühe kochen. Wenn die Kartoffeln gar sind, fünf Esslöffel Sahne hinzufügen und die Soße pürieren. Diese anschließend mit Salz, Pfeffer und Muskat abschmecken. Gundermannblätter klein schneiden und zwei Esslöffel davon kurz vor dem Essen unter die Soße rühren. Zum Schluss einen Esslöffel Gundermannblüten zur Verzierung darüber streuen.[48]

2.8.2 Wirkung

Weil der Gundermann Gerb- und Bitterstoffe enthält,[49] fördert er eine reibungslose Verdauung[50] und wirkt außerdem Krankheiten, die Leber, Milz,[51] Galle und Niere angreifen entgegen.[52] Des Weiteren gilt der Gundermann als stoffwechselanregend und blutreinigend.[53]

2.8.3 Sinnhaftigkeit

Weil die Gundermannblätter und -blüten erst kurz vor dem Servieren unter die Soße gemischt beziehungsweise darübergestreut werden, werden sie nur unwesentlich erwärmt. Somit gehen keine sekundären Pflanzenstoffe verloren[54] und der Gundermann behält seinen Geschmack.[55] Deshalb handelt es sich um ein sehr sinnvolles Rezept.

3 Ist das Kochen mit Wildkräutern im Alltag praktikabel?

Das Sammeln von Wildkräutern gestaltet sich etwas schwieriger als das Einkaufen von Lebensmitteln. Bisher führen nur wenige, auf Biokost spezialisierte Läden, einige ausgewählte Kräutersorten. Wer regelmäßig aus einer großen Vielfalt von wilden Pflanzen wählen will, dem bleibt nur das Sammeln in der freien Natur. Dies ist aber mit einigen Anstrengungen und Gefahren verbunden.

Zunächst muss die richtige Sammelstelle für die gewünschte Pflanze gefunden werden. Dazu ist es notwendig zu wissen, wo das Wildkraut bevorzugt wächst.

Einige kommen hauptsächlich im Halbschatten vor, wie beispielsweise die Vogelmiere[56], während Bärlauch an komplett schattigen Plätzen zu finden ist.[57] Lange Transportwege sollten vermieden werden, damit die sekundären Pflanzenstoffe so weit wie möglich erhalten bleiben.[58] Selbstverständlich muss die Jahreszeit beachtet werden, in der das gewünschte Wildkraut wächst[59], aber auch Mondphasen und Tageszeit haben Einfluss auf die Heilwirkung der Pflanzen.[60]

Während bei Missachtung der bisher beschriebenen Ratschläge schlimmstenfalls ein Wirkungsverlust droht, kann eine Verwechselung mit einer Giftpflanze zum Tode führen. Als sehr gefährlich ist der Verzehr von Maiglöckchen oder Herbstzeitlosen einzustufen, die dem schmackhaften Bärlauch sehr ähnlich sehen.[61]

Somit sind umfangreiche botanische Kenntnisse nötig, um Wildkräuter sicher und effektiv einsetzen zu können. Deshalb und aufgrund der zeitraubenden Suchen nach passenden Sammelstellen, lässt sich das Kochen mit Wildkräutern nicht ohne weiteres in den Alltag integrieren und ist daher nur für Menschen geeignet, die genügend Zeit und Interesse dafür mitbringen.

Literaturverzeichnis

[1] Fleischhauer, Steffen Guido. Wildpflanzen-Salate, Sammeltipps, Pflanzenporträts und 60 Rezepte. AT Verlag, 2006, S.8f.

[2] Trum, Bernd und Pius Lotter. Wildkräuter-Kochbuch, Sammeln – zubereiten – genießen. Verlag Tobias Dannheimer GmbH, 1998, S. 31

[3] Deutsche Gesellschaft für Ernährung e.V., Sekundäre Pflanzenstoffe und ihre Wirkung auf die Gesundheit, www.dge.de, 15. 2. 2014. http://www.dge.de/modules.phpname=News&file=article&sid=1019

[4] Trum, Bernd und Pius Lotter. Wildkräuter-Kochbuch, Sammeln – zubereiten – genießen. Verlag Tobias Dannheimer GmbH, 1998, S. 23

[5] Trum, Bernd und Pius Lotter. Wildkräuter-Kochbuch, Sammeln – zubereiten – genießen. Verlag Tobias Dannheimer GmbH, 1998, S. 29

[6] Hiener, Ralf, Olaf Schnelle und Anne Freidanck. Essbare Landschaften, Wildkräuter, Natur & Küche. Walter Hädecke Verlag, 2005, S. 141

[7] Hiener, Ralf, Olaf Schnelle und Anne Freidanck. Essbare Landschaften, Wildkräuter, Natur & Küche. Walter Hädecke Verlag, 2005, S. 133

[8] Deutsche Gesellschaft für Ernährung e.V., Sekundäre Pflanzenstoffe und ihre Wirkung auf die Gesundheit, www.dge.de, 15. 2. 2014. http://www.dge.de/modules.php?name=News&file=article&sid=1019

[9] Trum, Bernd und Pius Lotter. Wildkräuter-Kochbuch, Sammeln – zubereiten – genießen. Verlag Tobias Dannheimer GmbH, 1998, S. 20f.

[10] Kerler, Christa-Maria. Natursammlers Kochbuch. Falken-Verlag, 1977, S. 97

[11] Fleischhauer, Steffen Guido. Wildpflanzen-Salate, Sammeltipps, Pflanzenporträts und 60 Rezepte. AT Verlag, 2006, S. 86

[12] Deutsche Gesellschaft für Ernährung e.V., Sekundäre Pflanzenstoffe und ihre Wirkung auf die Gesundheit, www.dge.de, 15. 2. 2014. http://www.dge.de/modules.php?name=News&file=article&sid=1019

[13] Trum, Bernd und Pius Lotter. Wildkräuter-Kochbuch, Sammeln – zubereiten – genießen. Verlag Tobias Dannheimer GmbH, 1998, S. 25

[14] Trum, Bernd und Pius Lotter. Wildkräuter-Kochbuch, Sammeln – zubereiten – genießen. Verlag Tobias Dannheimer GmbH, 1998, S. 20

[15] Hiener, Ralf, Olaf Schnelle und Anne Freidanck. Essbare Landschaften, Wildkräuter, Natur & Küche. Walter Hädecke Verlag, 2005, S.112

[16] Trum, Bernd und Pius Lotter. Wildkräuter-Kochbuch, Sammeln – zubereiten – genießen. Verlag Tobias Dannheimer GmbH, 1998, S. 24

[17] Fleischhauer, Steffen Guido. Wildpflanzen-Salate, Sammeltipps, Pflanzenporträts und 60 Rezepte. AT Verlag, 2006, S. 23

[18] Fleischhauer, Steffen Guido. Wildpflanzen-Salate, Sammeltipps, Pflanzenporträts und 60 Rezepte. AT Verlag, 2006, S. 23

[19] Trum, Bernd und Pius Lotter. Wildkräuter-Kochbuch, Sammeln – zubereiten – genießen. Verlag Tobias Dannheimer GmbH, 1998, S. 35

[20] Fleischhauer, Steffen Guido. Wildpflanzen-Salate, Sammeltipps, Pflanzenporträts und 60 Rezepte. AT Verlag, 2006, S. 23

[21] Hiener, Ralf, Olaf Schnelle und Anne Freidanck. Essbare Landschaften, Wildkräuter, Natur & Küche. Walter Hädecke Verlag, 2005, S. 145

[22] Trum, Bernd und Pius Lotter. Wildkräuter-Kochbuch, Sammeln – zubereiten – genießen. Verlag Tobias Dannheimer GmbH, 1998, S. 109

[23] Deutsche Gesellschaft für Ernährung e.V., Sekundäre Pflanzenstoffe und ihre Wirkung auf die

Gesundheit, www.dge.de, 15. 2. 2014.
http://www.dge.de/modules.php?name=News&file=article&sid=1019

[24] Sarl, Ibiz, 'Wozu dient das Blanchieren?', www.blanchieren.info, 03. 10. 2014.
http://blanchieren.info/

[25] Trum, Bernd und Pius Lotter. Wildkräuter-Kochbuch, Sammeln – zubereiten – genießen. Verlag Tobias Dannheimer GmbH, 1998, S. 21f.

[26] Fleischhauer, Steffen Guido. Wildpflanzen-Salate, Sammeltipps, Pflanzenporträts und 60 Rezepte. AT Verlag, 2006, S. 110

[27] Hiener, Ralf, Olaf Schnelle und Anne Freidanck. Essbare Landschaften, Wildkräuter, Natur & Küche. Walter Hädecke Verlag, 2005, S. 132

[28] Fleischhauer, Steffen Guido. Wildpflanzen-Salate, Sammeltipps, Pflanzenporträts und 60 Rezepte. AT Verlag, 2006, S. 112

[29] Trum, Bernd und Pius Lotter. Wildkräuter-Kochbuch, Sammeln – zubereiten – genießen. Verlag Tobias Dannheimer GmbH, 1998, S. 20

[30] Fleischhauer, Steffen Guido. Wildpflanzen-Salate, Sammeltipps, Pflanzenporträts und 60 Rezepte. AT Verlag, 2006, S. 100

[31] Trum, Bernd und Pius Lotter. Wildkräuter-Kochbuch, Sammeln – zubereiten – genießen. Verlag Tobias Dannheimer GmbH, 1998, S. 103

[32] Trum, Bernd und Pius Lotter. Wildkräuter-Kochbuch, Sammeln – zubereiten – genießen. Verlag Tobias Dannheimer GmbH, 1998, S. 23f.

[33] Trum, Bernd und Pius Lotter. Wildkräuter-Kochbuch, Sammeln – zubereiten – genießen. Verlag Tobias Dannheimer GmbH, 1998, S. 103

[34] Deutsche Gesellschaft für Ernährung e.V., Sekundäre Pflanzenstoffe und ihre Wirkung auf die Gesundheit, www.dge.de, 15. 2. 2014.
http://www.dge.de/modules.php?name=News&file=article&sid=1019

[35] Trum, Bernd und Pius Lotter. Wildkräuter-Kochbuch, Sammeln – zubereiten – genießen. Verlag Tobias Dannheimer GmbH, 1998, S. 103

[36] Fleischhauer, Steffen Guido. Wildpflanzen-Salate, Sammeltipps, Pflanzenporträts und 60 Rezepte. AT Verlag, 2006, S. 97

[37] Trum, Bernd und Pius Lotter. Wildkräuter-Kochbuch, Sammeln – zubereiten – genießen. Verlag Tobias Dannheimer GmbH, 1998, S. 20

[38] Trum, Bernd und Pius Lotter. Wildkräuter-Kochbuch, Sammeln – zubereiten – genießen. Verlag Tobias Dannheimer GmbH, 1998, S. 126

[39] Trum, Bernd und Pius Lotter. Wildkräuter-Kochbuch, Sammeln – zubereiten – genießen. Verlag Tobias Dannheimer GmbH, 1998, S. 123

[40] Trum, Bernd und Pius Lotter. Wildkräuter-Kochbuch, Sammeln – zubereiten – genießen. Verlag Tobias Dannheimer GmbH, 1998, S. 25

[41] Trum, Bernd und Pius Lotter. Wildkräuter-Kochbuch, Sammeln – zubereiten – genießen. Verlag Tobias Dannheimer GmbH, 1998, S. 23

[42] Trum, Bernd und Pius Lotter. Wildkräuter-Kochbuch, Sammeln – zubereiten – genießen. Verlag Tobias Dannheimer GmbH, 1998, S. 123

[43] Trum, Bernd und Pius Lotter. Wildkräuter-Kochbuch, Sammeln – zubereiten – genießen. Verlag Tobias Dannheimer GmbH, 1998, S. 22

[44] Trum, Bernd und Pius Lotter. Wildkräuter-Kochbuch, Sammeln – zubereiten – genießen. Verlag Tobias Dannheimer GmbH, 1998, S. 23

[45] Fleischhauer, Steffen Guido. Wildpflanzen-Salate, Sammeltipps, Pflanzenporträts und 60 Rezepte. AT Verlag, 2006, S. 78

[46] Fleischhauer, Steffen Guido. Wildpflanzen-Salate, Sammeltipps, Pflanzenporträts und 60 Rezepte. AT Verlag, 2006, S. 76

[47] Trum, Bernd und Pius Lotter. Wildkräuter-Kochbuch, Sammeln – zubereiten – genießen. Verlag Tobias Dannheimer GmbH, 1998, S. 20

[48] Trum, Bernd und Pius Lotter. Wildkräuter-Kochbuch, Sammeln – zubereiten – genießen. Verlag Tobias Dannheimer GmbH, 1998, S. 63

[49] Trum, Bernd und Pius Lotter. Wildkräuter-Kochbuch, Sammeln – zubereiten – genießen. Verlag Tobias Dannheimer GmbH, 1998, S. S.61

[50] Trum, Bernd und Pius Lotter. Wildkräuter-Kochbuch, Sammeln – zubereiten – genießen. Verlag Tobias Dannheimer GmbH, 1998, S. 24

[51] Trum, Bernd und Pius Lotter. Wildkräuter-Kochbuch, Sammeln – zubereiten – genießen. Verlag Tobias Dannheimer GmbH, 1998, S. 23

[52] Trum, Bernd und Pius Lotter. Wildkräuter-Kochbuch, Sammeln – zubereiten – genießen. Verlag Tobias Dannheimer GmbH, 1998, S. 61

[53] Hiener, Ralf, Olaf Schnelle und Anne Freidanck. Essbare Landschaften, Wildkräuter, Natur & Küche. Walter Hädecke Verlag, 2005, S. 150

[54] Trum, Bernd und Pius Lotter. Wildkräuter-Kochbuch, Sammeln – zubereiten – genießen. Verlag Tobias Dannheimer GmbH, 1998, S. 20f.

[55] Trum, Bernd und Pius Lotter. Wildkräuter-Kochbuch, Sammeln – zubereiten – genießen. Verlag Tobias Dannheimer GmbH, 1998, S. 63

[56] Fleischhauer, Steffen Guido. Wildpflanzen-Salate, Sammeltipps, Pflanzenporträts und 60 Rezepte. AT Verlag, 2006, S. 108

[57] Trum, Bernd und Pius Lotter. Wildkräuter-Kochbuch, Sammeln – zubereiten – genießen. Verlag Tobias Dannheimer GmbH, 1998, S. 29

[58] Trum, Bernd und Pius Lotter. Wildkräuter-Kochbuch, Sammeln – zubereiten – genießen. Verlag Tobias Dannheimer GmbH, 1998, S.14

[59] Trum, Bernd und Pius Lotter. Wildkräuter-Kochbuch, Sammeln – zubereiten – genießen. Verlag Tobias Dannheimer GmbH, 1998, S. 15

[60] Trum, Bernd und Pius Lotter. Wildkräuter-Kochbuch, Sammeln – zubereiten – genießen. Verlag Tobias Dannheimer GmbH, 1998, S. 16

[61] Trum, Bernd und Pius Lotter. Wildkräuter-Kochbuch, Sammeln – zubereiten – genießen. Verlag Tobias Dannheimer GmbH, 1998, S. 60